VERLAG
BEGEGNUNGEN

ISBN 978-3-946723-34-9

Christine Goeb-Kümmel
Sterne sind Hoffnung
in einem Leben ohne Namen

Print on Demand

Illustrationen: Christine Goeb-Kümmel
Hintergrundfoto Cover: © @nt - Fotolia.com
Hundefoto Cover: © @nt - Fotolia.com, paul prescott

Covergestaltung: Elke Mehler, www.querwerker.de
Korrektorat: Gisela Polnik

Verlag: Begegnungen, Schmitten
www.verlagbegegnungen.de

Druck: CPI Druckdienstleistungen GmbH
Ferdinand-Jühlke-Straße 7, 99095 Erfurt

Sterne sind Hoffnung

in einem Leben ohne Namen

Gewidmet allen Hunden ohne Namen,
wo auch immer auf dieser Welt

Vorwort

Die Geschichte von Lobo, dem ganz normalen und doch so außergewöhnlichen Straßenhund, ist eine sehr berührende Lebensgeschichte mit besonderen Wendungen.
Sie ist in dem Buch „Sternschnuppenlicht" nachzulesen.

Lobo war einer der unendlich vielen Hunde, die sich auf der Suche befinden, auf der Suche nach einem Platz in der Gesellschaft, in die sie hineingeboren wurden.
Jeder einzelne dieser Hunde ist eine Persönlichkeit, ein Lebewesen mit eigenem Charakter, mit Bedürfnissen, Gefühlen und Sehnsüchten und vor allem: mit einer Seele.
Jeder Einzelne hat eine eigene Lebensgeschichte und meistert sein Leben, das für den einen mühsam oder gar schwer und leidvoll sein mag, für einen anderen hingegen lichtvoll, geschmeidig und geprägt von Glück.

Lobos Lebensphase auf den Straßen einer rumänischen Stadt war beschwerlich, entbehrungsreich und kräftezehrend. Viele seiner Nachkommen, die in diesen Jahren geboren wurden, waren den Strapazen nicht gewachsen und überlebten nur kurze Zeit. Andere hatten Glück, fanden vielleicht Menschen, die sie aufnahmen, oder einen Platz, an dem sie gut leben konnten. Wieder andere verschwanden irgendwohin und niemand weiß, was aus ihnen wurde.

Eine dieser Nachkommen des Straßenhundes Lobo war eine Hündin ohne Namen. Sie lebte in einem kleinen Ort ganz nah vor den Toren der Stadt, die lange Jahre Lobos Zuhause gewesen war. Und dies ist ihre Geschichte, eine Lebensgeschichte mit viel Dunkelheit, jedoch auch mit lichtvollen Momenten.

Aber lesen Sie selbst …

Die magere sandfarbene Hündin lag ausgestreckt auf dem harten Boden. Einige vereinzelte Strahlen der Sonne fielen auf ihr schmutziges Fell, durchzogen es wie leuchtende Fäden und wärmten ihre Haut. Sie rekelte sich wohlig und robbte etwas zur Seite, um dem Verlauf der Sonne zu folgen und noch mehr dieser wohltuenden goldenen Wärme zu erhaschen. Der feine Staub, den sie dabei aufwirbelte, waberte in trägen Schwaden durch die Luft, schwebte dann still und langsam zurück auf den Boden, und ein wenig davon ließ sich auch auf ihrem stumpfen Fell nieder.

Einen Moment lang lag sie vollkommen regungslos, selig entrückt, mit geschlossenen Augen und sog die Wärme und die ungewohnte intensive Helligkeit in sich auf. Ihr schmächtiger Körper hungerte nach dem lang entbehrten Sonnenglanz und eine Welle des Glücks durchströmte sie. Das helle lebenspendende Licht schien bis in ihr Herz zu leuchten und wie nahrhafte Energie durch ihre Adern zu fließen.

Ohne ihre – trotz des harten Untergrundes – nicht unangenehme Lage zu verändern, versuchte sie nun ihren Hals auf dem steinigen Boden zu scheuern. Die Haut dort war kahl, gerötet und mit kleinen Wunden übersät. Noch bis vor wenigen Stunden hatte ein schweres Metallhalsband in ihr Fleisch gedrückt. Sie hatte es getragen, so lange sie sich erinnern konnte.
Sie reckte und streckte sich, rollte sich nun halb auf den Rücken und schaute blinzelnd in den Himmel. In diesem Moment war sie glücklich. Sie war noch nie so glücklich gewesen und genoss den Augenblick. Sie genoss ihn nicht aus der Angst heraus, dass er vergehen, dass sie das Glück nicht halten könne – so wie die Menschen es meist zu tun pflegen –, nein, sie genoss ihn um seiner selbst willen, weil er da war und ihr guttat. Sie nahm diesen sonnendurchfluteten Moment dankbar an, genau so, wie er sich ihr schenkte.

Nun richtete sie sich auf, drehte ihr Gesicht in Richtung des etwas schief in den Angeln hängenden Gartentors und legte schließlich ihren Kopf auf den Vorderpfoten ab, ohne dabei den Blick von den Menschen zu wenden, die dort am Tor standen. Durch das verrostete Gitter ihres kleinen Geheges beobachtet sie, was dort vor sich ging, und sah schließlich, wie der alte Mann sich verabschiedete und das Grundstück verließ. Der andere Mann, einer der Menschen, die hier lebten und zu denen sie zu gehören glaubte, drehte sich um und ging zum Haus, ohne nochmals zu ihr herüberzublicken. Sie hatte ihn heute zum ersten Mal seit Langem in ihrer Nähe erlebt und die Freude über sein Erscheinen war groß gewesen, auch wenn er sie – wie bei den Begegnungen zuvor – nicht ansprach, nicht berührte, nicht beachtete.

Der alte Mann dagegen, den sie schon hin und wieder gesehen hatte, der aber nicht hier auf dem Grundstück, nicht hier in ihrer kleinen Welt lebte, war gefühlvoll mit ihr umgegangen. Seine Hand legte er sanft, fast liebevoll auf ihren Kopf, und aus Dankbarkeit für diese Geste leckte sie ihm zuerst zurückhaltend und ergeben, dann mit größer werdender Begeisterung und Zuneigung über seine Finger, nahezu gierig nach Berührung. Im nächsten Moment jedoch, als er nach der schweren Kette griff, die an dem breiten, metallenen Ring um ihren Hals befestigt war, erschrak sie und wich zurück. Doch er sprach beruhigend und freundlich auf sie ein, und sie vertraute ihm. Seine hellen Augen schauten lebendig und gutmütig aus dem faltigen, verwitterten Gesicht. Das Schild an seiner schmutzigen, verschlissenen Kappe war ausgefranst und sie roch interessiert daran, als er sich zu ihr beugte und an dem schweren Halsband fingerte, das sich tief in ihren Hals drückte. Er versuchte, es zu drehen, doch es saß so fest, dass er es nicht bewegen konnte. Sie verstand, als er ihr bedeutet, sich hinzulegen und schließlich auch den Kopf auf dem Boden abzulegen, und folgte vertrauensvoll dieser Aufforderung. Als der Mann die Spitze der klobigen

Eisenschere zwischen das Metall des Halsbandes und ihre wunde Haut schob, wagte sie nicht, sich zu rühren. Sie hatte Angst, doch gleichzeitig ruhte ein tiefes Vertrauen in ihr, dass dieser Mensch ihr nichts zuleide tun würde. Das schnalzende Geräusch, mit dem der Metallring nach dem schnell und präzise durchgeführten Schnitt aufsprang, erschreckte sie jedoch trotzdem und sie fuhr behände hoch und sprang auf die Beine. Ungläubiges Erstaunen und ausgelassene Freude ergriffen sie dann, als sie bemerkte, dass der Druck von ihrem Hals gewichen war, dieser unnachgiebige Druck auf ihre Kehle, den sie verspürt hatte, seit sie erwachsen geworden war, und der ihr das Atmen erschwert hatte. Sie schüttelte sich wieder und wieder, und mit leichtem Herzen, ausgelassen, mit tollpatschigen Sprüngen und im Genuss des Momentes umrundete sie den alten Mann. Kein Klirren der schweren Kette begleitete ihre Bewegungen, kein scharfer Ruck malträtierte ihren Hals, auch dann nicht, als sie sich weiter als die gewohnten zwei Meter von dem Punkt entfernte, an dem die Kette mit einem langen Eisenpflock im Boden befestigt war.

Der alte Mann lächelte über ihre große Freude und ihre schwungvollen Bewegungen und auch sein Herz wurde etwas leichter, war ihm die Situation der Hündin, die ihr Dasein an der kurzen Kette fristen musste, doch schon lange ein Dorn im Auge gewesen. Viel mehr konnte er allerdings nicht für sie tun. Bereits vor dem vergangenen

Winter hatte er ihr wenigstens eine notdürftige Hütte gezimmert, tat es ihm doch stets in der Seele weh, sie im Vorbeigehen bei Wind und Wetter schutzlos zu sehen. Er verstand ihre Menschen nicht, die dies zuließen, genauso wenig wie die meisten anderen Menschen hier im Dorf, die der Not der Tiere so gleichgültig gegenüberstanden. Viele von ihnen kannte er schon ihr Leben lang, hatte sie aufwachsen sehen. Er wusste, dass bereits deren Eltern, von denen sich die meisten in seinem Alter befanden, nicht anders mit den Tieren umgegangen waren, und so hatte den Kindern niemand ein Bewusstsein dafür vermittelt, wie sehr die Tiere litten. Im Gegenteil, kindliches Mitgefühl wurde meist als lächerlich abgetan, es passte nicht in die Gemeinschaft. Kein Kind wollte gerne Außenseiter sein und verhielt sich deshalb schließlich so, wie es erwartet wurde und wie es die anderen taten.
Auch der Besitzer der Hündin gehörte zu denjenigen, die seit ihrer Kindheit hier lebten, die ihr Verhalten den Tieren gegenüber nie infrage gestellt hatten oder denen aufkeimende Empathie bereits in frühen Jahren aberzogen wurde.

Er selbst war nicht wie sie. Er galt als Sonderling hier im Ort. Doch er war sehr alt und hatte, obwohl er anders dachte und fühlte, einen Platz in dieser Gesellschaft, wurde von den anderen Alten respektiert und auch von den Jüngeren geachtet. Die Menschen akzeptierten ihn so, wie er war, war er doch trotz allem einer von ihnen.

Deshalb konnte er so manches für die Tiere tun und dadurch Leid mindern. Er versorgte mühevoll drei eigene Hunde, aber trotzdem sah man ihn, wann immer er die Möglichkeit hatte, mit seinem klapprigen Fahrrad in die einige Kilometer entfernte Stadt fahren, hinter dem Sitz verstaut oder auf einem altersschwachen Anhänger einen Korb oder einen verschnürten Pappkarton mit einem kleinen Hund oder einer Katze darin. Zwar besaß er selbst nicht viel zum Leben und konnte kaum seine eigenen Tiere ernähren, doch immer dann, wenn er durch kleinere Arbeiten ein bisschen Geld hinzuverdient hatte, brachte er das eine oder andere heimatlose oder vernachlässigte Tier in die Klinik, um es kastrieren zu lassen. Damit half er zu verhindern, dass immer wieder Katzen- und Hundewelpen geboren wurden, um dann zu verhungern, zu erfrieren oder gewaltvoll zu sterben.
Die Nachbarn schüttelten nur den Kopf über ihn, aber sie ließen ihn gewähren. Auch heute hatte man ihn gewähren lassen. Als er hörte, dass die Hündin, die nun schon jahrelang auf diesem Grundstück an der Kette hing, nun an einer anderen Stelle angekettet werden sollte – in einem entlegenen Bereich des Gartens zwischen dem Schuppen und der hohen Steinmauer zum Nachbargrundstück –, schlug er vor, ihr die Kette abzunehmen und sie stattdessen in einem kleinen Gehege unterzubringen. Das konnte zwischen der Mauer und der Schuppenwand mit einfachen Mitteln hergestellt werden. Die Fläche, die ihr dann zur Verfügung stand, war zwar nicht groß, bot nicht

mehr Bewegungsmöglichkeit, als der Radius ihrer Kette ihr bisher ermöglicht hatte, doch konnte sie sich dort wenigstens frei bewegen und der Druck des beinahe im Hals eingewachsenen Metalls würde sie nicht länger quälen. Auch bot ihr das Gehege Schutz vor streunenden Hunden, die immer wieder auf die Grundstücke gelangten und an der Kette liegende Hündinnen verletzten oder Trächtigkeit verursachten. Sie war zu groß, um sie per Fahrrad zur Kastration in die Klinik zu bringen, und außerdem lehnten die Besitzer dies ab. Sie wollten davon nichts hören und er drang auch nicht weiter in sie ein, war er doch froh und zufrieden, dass er das Leben der freundlichen jungen Hündin wenigstens ein bisschen erleichtern konnte.

Als er ihre wacklige, kleine Hütte zu ihrem neuen Platz trug und an der Schuppenwand abstellte, folgte sie ihm zutraulich. Sie wich ihm nicht von der Seite und er musste sie schließlich mit sanftem Druck in einen Winkel ihres kleinen Auslaufs schieben, um das alte, rostige Zaunelement zwischen der Ecke des Schuppens und dem steinernen Pfosten der Mauer befestigen zu können. Sie schaute ihm aufmerksam und mit leuchtenden Augen zu. Neugierig sog sie jede seiner Bewegungen in sich auf, begeistert darüber, dass jemand in ihrer Nähe war, sie ansprach, berührte, in sein Tun einbezog. Als der Mann sich zum Gehen wandte, blieb sie dicht am Zaun stehen und folgte ihm mit ihren Blicken. Dann beschnüffelte sie

interessiert die wenigen Quadratmeter ihres neuen Areals, um sich schließlich auf einem kleinen, sonnenbeschienenen Flecken mehrmals im Kreis zu drehen und mit einem Seufzen niederzulassen.
Der Hauseigentümer, den der alte Mann beim Verlassen des Grundstücks nochmals traf, schüttelte nur voller Verwunderung den Kopf, war ihm doch ganz und gar unverständlich, warum wegen eines Hundes dieser Aufwand betrieben wurde.

Als es Abend wurde, verstummten nach und nach die Geräusche der Umgebung. Mit dem letzten Licht des Tages verschwanden auch die Menschen in ihren Häusern. Die Menschen der mageren Hündin waren bereits seit dem späten Nachmittag nicht mehr zu sehen gewesen und sie wusste, dass heute niemand mehr kommen würde. Der löchrige, alte Topf, in den in unregelmäßigen Abständen etwas Nahrung gefüllt wurde – meist altes Brot oder Reste gekochter Kartoffelschalen –, würde heute, wie so oft, leer bleiben. Hätte nicht der alte Mann vor seinem Weggehen etwas Wasser in eine der umherliegenden schmutzigen Pflanzenschalen gefüllt, dann hätte sie auch dursten müssen.

Still lag sie noch immer an der Stelle, an der vor einigen Stunden die leuchtenden gelb- und orangefarbenen Strahlen auf dem Boden getanzt hatten, diese seltsamen unbekannten Strahlen, die sie noch nie zuvor erleben und auf ihrem Körper spüren durfte, die so viel Wärme gaben und deren Licht ihr so gutgetan und Kraft gegeben hatte.

Kurz bevor nun die Dunkelheit über den Garten kroch und alles, was sich ihr in den Weg stellte, ergriff und bedeckte, fiel ihr Blick auf den etwa 20 Meter entfernten Bereich des Grundstücks, an dem sie die ersten Jahre ihres Lebens verbracht hatte. Sie konnte die Stelle von ihrem neuen Platz aus gut überblicken, und in der Dämmerung sah sie die Kette mit dem Eisenring dort liegen. Der Anblick ließ sie erschauern.

Obwohl erst wenige Stunden vergangen waren, schien die räumliche Distanz zwischen ihr und diesem Ort auch eine Distanz zu schaffen zu dem, was dieser Platz ihr kurzes bisheriges Leben lang für sie gewesen war.

An einem schönen Tag im Frühling – vor nun fast zwei Jahren – war sie dort zwischen dem Brennholzstapel und dem schiefen Eingangstor geboren worden, geboren von einer Hündin, die ihr ganzes Leben hier verbracht hatte. Viele lange Jahre hatte ihre Mutter an dieser Stelle gelebt, war dort alt geworden – angekettet und unbeachtet. Angekettet direkt neben dem Eingang des Grundstücks hatte sie viele Male die Menschen kommen und gehen sehen. Niemals durfte sie mit ihnen gehen oder das Gelände verlassen, bis auf ein einziges Mal ...
Sie war eine stattliche Hündin gewesen, mit weiß und braun geflecktem Fell, das sich kraus und drahtig in alle Richtungen drehte und ihr dadurch ein ganz besonderes Aussehen verliehen hatte. Doch niemand sah in ihr etwas Besonderes, sie gaben ihr nicht einmal einen Namen.

In den ersten Jahren ihres Lebens bettelte sie noch voller Verzweiflung um Zuneigung, sprang aufgeregt, schwanzwedelnd und bellend vor Freude umher, sobald die Menschen in ihre Nähe kamen. Immer wieder fügte sie sich Verletzungen zu, wenn sie hinter ihnen herlaufen wollte, schließlich schmerzhaft durch die Kette ausgebremst und nicht selten hart zu Boden gerissen wurde. Viele Tritte hatte sie erhalten, ob ihrer ungestümen Art. Und irgendwann resignierte sie. Irgendwann entschwanden ihre Freude und ihre Lebenslust. Schließlich blieb sie liegen, wenn jemand kam oder ging, und bellte nur noch, wenn Fremde sich dem Grundstück näherten. Sie wurde immer stiller und zeigte kein Interesse mehr an ihrer Umgebung. Die Menschen bemerkten es nicht oder es war ihnen egal. Sie dachten nicht darüber nach, sie war ja nur ein Hund.

Mehrmals im Jahr gebar sie Welpen. Das waren die Augenblicke in ihrem Leben, in denen sie noch etwas fühlte. Sie war eine fürsorgliche Mutter. Gleich nach der Geburt nährte, reinigte und wärmte sie ihre Kinder, so gut es ihr möglich war. Kein Schutz vor Wind und Wetter stand ihr zur Verfügung, es blieb ihr nur die Möglichkeit, die Neugeborenen mit ihrem eigenen Körper zu schützen. In den ersten Jahren wurden ihr die Welpen jedoch stets gleich nach der Geburt oder spätestens nach wenigen Tagen weggenommen – wenn sie nicht bereits in ihren ersten Lebensstunden von strömendem Regen fortgespült oder von unerbittlichem Frost getötet wurden. Diejenigen, die den harten Start ins Leben, die ersten Stunden oder auch Tage überlebten oder unter besseren Witterungsbedingungen geboren wurden, durften jedoch auch nicht bleiben. Immer wieder musste die Hündin dann mit ansehen, wie die hilflosen, meist noch blinden Geschöpfe, in Pappkartons gepackt und vom Grundstück getragen wurden. Sie wusste nicht, wohin sie gebracht wurden, wusste nicht, was mit ihnen geschah, aber niemals kamen die kleinen Wesen zurück und sie trauerte von Mal zu Mal mehr.

Nach einigen Jahren bekamen die Menschen selbst Kinder und hin und wieder wurden die Welpen vorerst nicht weggenommen. Die Kinder spielten gerne mit den niedlichen, plüschigen Hunden und man ließ sie gewähren. Für die Hündin war auch diese Situation schwer. Ihr Bewegungsradius an der Kette ließ nicht zu, dass sie den Kleinen folgen konnte, und oft konnte sie nur zuschauen, wenn die kleinen Menschen sie davontrugen, weit aus ihrem Gesichtsfeld. Die Mutterhündin hörte dann bisweilen aus der Entfernung das ängstliche oder schmerzvolle Fiepen der jungen Hunde, wenn die Kinder zu grob zufassten, doch war sie nicht in der Lage, zur Hilfe zu eilen. Unruhig zog und zerrte sie in ihrer Not an der Kette und bellte unwillig. Doch meist bereits nach wenigen Wochen verloren die Kinder das Interesse an den Hunden und andere Dinge wurden interessanter. Dann nahm das Schicksal auch für diese Welpen ihren Lauf und wie ihre vielen

Geschwister zuvor wurden sie der Mutter weggenommen und fortgebracht.

Die Jahre vergingen. Nach und nach verlor die Hündin nicht nur ihren Lebenswillen, sondern auch ihre ehemals freundliche und duldsame Art. So viel Leid und gedankenlose Ignoranz waren ihr in den langen freudlosen Jahren ihres Lebens zugefügt worden, Zuneigung durfte sie nie erfahren. Die Menschen bezeichneten sie schließlich als schwierig. Die Kinder mochten nicht mehr in ihre Nähe gehen und warfen ihr das karge Futter aus der Entfernung vor die Pfoten.
An einem frühen Morgen im Frühling gebar sie zum ungezählten Mal Welpen. Fünf kleine Hündinnen suchten blind, aber drängend den Weg zur warmen Milch der Mutter, drei von ihnen leuchteten weiß wie frisch gefallener Schnee, die beiden anderen schimmerten wie heller Sand. Liebevoll leckte sie die zarten Bäuche der hilflosen Wesen, während diese mit ihren winzigen Pfoten strampelten, mit drängender Wonne gegen den Bauch der Mutter traten und drückten und gierig und genüsslich schmatzend die ersten Schlucke ihres Lebens taten. Die älteren Kinder wollten schon lange nicht mehr mit den jungen Hunden spielen, die beiden Jüngsten waren noch zu klein. So nahm man ihr, wie so viele Male zuvor in den vergangenen Jahren, noch am selben Vormittag auch diese Kinder weg – nur eines ließ man ihr. Es war die kräftigste kleine Hündin, mit dem dichtesten Flaum, einer

breiten, faltigen Stirn und einer Fellfarbe in einem hellen Sandton, der ein bisschen wie Gold schimmerte.
Aufgeregt und panisch riss sie an der Kette, um dem Menschen zu folgen, der vier ihrer Kinder, die eben noch an ihrem Bauch gelegen hatten, lieblos in einen Karton geworfen hatte, den er jetzt davontrug. Im nächsten Moment machte sie kehrt, um hektisch und zitternd zu dem einen zu eilen, das noch im Staub auf dem Boden lag. Sie packte es im Nacken, um es fortzutragen, es in Sicherheit zu bringen. Doch sie konnte nicht weg, die harte Kette drückte unbarmherzig in ihren Hals und sie war nicht in der Lage, etwas dagegen zu tun. So stand sie hilflos und verstört, bis sie begriff, dass niemand mehr da war. Der Mensch hatte das Grundstück verlassen. Sie legte sich erschöpft auf den Boden und der wenige Stunden alte Welpe kroch unter ihren Kopf, den sie müde im Staub abgelegt hatte. Ihr Blick war leer und ihre Seele weinte.

Auch wenn der neuerliche Schmerz, der ihr zugefügt worden war, bitter und qualvoll brannte, so durfte sie nun endlich Mutter sein und bleiben. Sie kümmerte sich intensiv um ihren Welpen und schien wieder aufzublühen. Die sandfarbene Hündin wuchs und gedieh und genoss die Zuwendung der Mutter. Zwar fehlten ihr die Geschwister zum Spielen und Raufen, doch sie hatte Freude am Leben und entdeckte nach und nach die kleine Welt, in die sie hineingeboren worden war.

Ein einziges der vielen Kinder, die sie geboren hatte, war ihr geblieben. Der Schmerz um den Verlust brannte in ihr. Doch bei allem Leid, das ihr zugefügt worden war durfte sie sich nun endlich um ein kleines Leben kümmern und war nicht mehr alleine.

In den ersten Wochen blieb die kleine Hündin auf ihren Entdeckungsreisen immer in direkter Nähe der Mutter. Hatte sie sich in ihrer Neugier und Unternehmungslust etwas weiter entfernt, folgte sie stets umgehend und kehrte eilig zur Mutter zurück, wenn diese sie rief.

An einem warmen Tag im Juli, die junge Hündin war nun vier Monate alt, entdeckten die Menschen, dass sie sich auf ihren Erkundungsgängen nach und nach immer weiter von der Mutter zu entfernen schien und auch auf deren Rufe nicht mehr reagierte. Unsanft wurde sie daraufhin im Nacken gepackt, und ohne dass sie Gegenwehr leisten konnte, wurde ein Metallring mit einer harten Schnalle um ihren kleinen, schmächtigen Hals gelegt. An diesem war eine schwere Kette befestigt, die man mit einem langen Eisenstab in den Boden schlug, gerade so weit von der Mutter entfernt, dass sie sich nicht mehr berühren konnten. Die kleine Hündin konnte nicht verstehen, was da mit ihr passierte. Unwillig zog sie an dem schweren, harten Band, das ihr unbarmherzig ins Fleisch schnitt. Sie weinte und winselte. War doch in ihr die Freude an der Weite der Welt gerade erwacht und nun musste sie eine solch schmerzvolle Einschränkung erfahren. Aber auch der verzweifelte Versuch, dem zu entrinnen und davonzurennen, brachte ihr nichts weiter als Schmerzen, denn die Fessel um ihren Hals hielt sie unbarmherzig fest. Die Mutter beobachtet die Pein der kleinen Hündin mit wach-

sender Unruhe. Sie sah das Unglück ihrer verstörten Tochter, konnte ihr aber nicht helfen.
Noch am gleichen Tag, nur wenige Stunden später, sollte jedoch der Schmerz der beiden Tiere noch größer werden. Die Menschen nahmen die alte Hündin von der Kette, legten ihr ein Seil um den Hals und führten sie vom Hof. So oft in den vielen Jahren ihres Lebens hatte sie sich gewünscht, ihre Menschen begleiten zu dürfen, doch dieses eine Mal sollte das einzige und letzte Mal sein.

Der junge Hund schrie und winselte und versuchte mit allen Mitteln zu folgen, doch es war nicht möglich. So konnte sie nur hilflos mit ansehen, wie die Mutter fortgeführt wurde. Die Menschen kamen nach einer Weile wieder nach Hause, die alte Hündin brachten sie nicht zurück. Die Kleine wusste nicht, was mit ihr geschehen war, wo sie sich nun befand, doch während sie jammerte, rief und rebellierte, verstand sie vielleicht bereits in diesem Moment, dass sie die Mutter niemals wiedersehen würde.

Nach einigen Tagen der Unruhe und der Trauer war sie erschöpft und zermürbt. Lange Stunden hatte sie gerufen, dann – viel später – nur noch still geweint. Doch niemand kam, niemand war mehr für sie da, niemand liebkoste und tröstete sie – sie war alleine.

Die Not und Einsamkeit der kleinen Hündin waren groß. Mit all ihrer Kraft hatte sie rebelliert und den Verlust der Mutter beklagt. Doch niemand half ihr, niemand nahm sich ihrer an.
Nun waren nur noch Erschöpfung und Resignation in ihr.

Der Sommer und der frühe Herbst vergingen. In diesen warmen Jahreszeiten verbrachten die Menschen viel Zeit außerhalb des Hauses und die kleine Hündin konnte so wenigstens ein bisschen Anteil nehmen am Leben der Menschen.

Oft verfolgten ihre Blicke die spielenden Kinder und deren Mutter, die Wäsche aufhängte oder im Garten arbeitete. Die Kleine zeigte sich neugierig und lebenshungrig, wollte erkunden, was die Welt zu bieten hatte. Aufmerksam hob sie immer dann den Kopf, wenn der Abstand zu den Menschen sich verringerte und sie hoffen konnte, dass jemand zu ihr kam. Voller Begeisterung leuchteten ihre Augen, vor Aufregung hechelnd sprang sie schließlich hin und her, japste und lachte voller Erwartungsfreude. Doch immer wieder wurde sie enttäuscht. Die Kinder entfernten sich wieder und verschwanden gar ganz aus ihrem Blickfeld. Ihr heftiges Wedeln verlangsamte sich daraufhin, und schließlich sank ihr Schwanz zögerlich Stück für Stück nach unten. Oft stand sie dann noch eine ganze Weile unbeweglich da, starrte in die Richtung, in der, wie ihr schien, die Lebensfreude verschwunden war.
Sehnsüchtig wurde schließlich ihr Blick, traurig und müde. Dann war sie wieder alleine. So gerne wäre sie ihren Menschen ins Haus gefolgt, ganz still hätte sie sich in eine Ecke gelegt. Nur dabei sein wollte sie, ganz dicht bei ihren Menschen. Stattdessen wartete sie einsam und alleine, und die Stunden schienen nicht vergehen zu wollen, bis

schließlich nach jedem langen, einsamen Tag eine neue Nacht kam. Ihre einzigen Freunde waren dann in klaren Nächten die Sterne am Himmel. Sie glitzerten und funkelten und schienen ihr wie Wesen von weit her, die Trost spendeten und ihr auf eine ganz eigene Art mitteilten, dass sie nicht alleine war. Das gab ihr Kraft und Zuversicht und Hoffnung, die Hoffnung darauf, dass irgendeiner dieser vielen Tage, die aus der Nacht und den Sternen immer wieder neu geboren wurden, Glück und Freude für sie bringen würde. Und so wartete sie, wartete auf die Nacht und ihre Freunde, die Sterne – und auf den Tag, diesen einen Tag, an dem alles gut werden würde.

Doch waren da auch die vielen trüben Tage und Nächte, Tage ohne Glanz, Nächte ohne Zauber, mit einem bedrohlichen Himmel, schwer und wolkenverhangen, dunkel, schwarz. Tage, in denen sie im nicht enden wollenden Regen lag, klirrend kalte, frostige Nächte, durch die wütende Stürme tobten und schließlich – nachdem der Winter mit Macht ins Land gekommen war – der Schnee auf sie herabfiel. Sie konnte dem nicht entfliehen und litt sehr unter den schlechten Bedingungen. Ihr Fell wuchs dicht, jedoch drang ergiebiger Dauerregen trotzdem des Öfteren bis auf ihre Haut.
Es gab kein Entrinnen. Einzig der Holzstapel, neben dem sie angekettet war, schützte sie ein wenig vor den eisigen Winden, die meist von Osten kamen und manches Mal tagelang anhielten. Viele Nächte durchlebte sie, in denen

sie stundenlang mit hängendem Kopf dicht gepresst gegen den Holzstapel gelehnt stand oder kauerte. Die Müdigkeit kroch dann irgendwann in ihre Beine und sie konnte sich kaum noch aufrecht halten. Doch wenn der Regen in Sturzbächen über den harten, gestampften Boden tobte, das eisige Wasser in Strömen auf sie herabprasselte oder Schneemassen einen liegenden Hund zu bedecken drohten, dann hatte sie keine Wahl und verbrachte so manche Nacht jämmerlich zitternd im Stehen. Immer wieder schaute sie dann zum Haus, das dunkel war, nur schemenhaft zu erkennen. Sie wusste ihre Menschen in dieser sicheren Behausung und wünschte sich nichts mehr, als nun bei ihnen sein zu dürfen.

Irgendwie überlebt sie diesen ersten Winter ihres Lebens und ein neuer Frühling brachte helles Licht, milde Wärme und neues Leben. Nachdem sie bereits in den ersten Monaten ihres jungen Lebens ergeben allen Unwillen des Wetters trotzen musste, erschien ihr die Wärme des neuen Sommers wie ein wohltuendes Geschenk. Zugute kam ihr im heißen Sommer, dass der Bereich, der ihr – begrenzt durch die Länge der Kette – zur Verfügung stand, komplett verschattet war. Kein heller Sonnenstrahl verirrte sich hierher, zum Glück war sie deshalb wenigstens nicht schutzlos der manchmal brutalen Kraft der heißen Sommersonne ausgesetzt. Jedoch kannte sie deshalb auch nicht die nährende Kraft des Sonnenlichts und

durfte nie die wohlige Wärme der Sonnenstrahlen auf ihrem Fell spüren.
Sie füllte nun den Platz und die Rolle der Mutter aus und führte das gleiche Leben, das auch diese vor ihr geführt hatte. Zumindest das Schicksal ihrer Mutter blieb ihr in der Hinsicht erspart, dass sie nicht immer wieder Welpen gebären musste. Der Zaun war repariert worden und fremde Hunde konnten nicht mehr, wie noch all die Jahre zuvor, auf das Grundstück gelangen. So blieb sie wenigstens davon verschont, trächtig zu werden und immer und immer wieder das Leid des Verlustes ihrer Kinder erleben zu müssen. Jedoch erhöhte das ihre Isolation noch mehr, den Kontakt zu Artgenossen kannte sie gar nicht.

Als der zweite Winter ihres Lebens nahte, erhielt sie unerwartet Hilfe und Unterstützung von einem alten Mann, der in der Nähe lebte. So viele Male hatte er die junge Hündin schutzlos in Wind, Schnee und Regen liegen sehen. Er liebte die Tiere, und ihr Schicksal, wie bereits das ihrer Mutter und der vielen anderen Tiere im Ort, berührten ihn. Auf fast jedem Grundstück lebten Hunde, die an kurzen Ketten ihr trauriges Dasein fristeten, die meisten nur notdürftig versorgt. Wo immer er konnte und es ihm gestattet wurde, versuchte er die Not zu mildern. So zimmerte er der jungen Hündin aus Holzresten eine einfache Hütte und stellte sie neben dem Holzstapel auf. Die Menschen duldeten es gleichgültig. Es war ihnen egal und verursachte keine Kosten, deshalb ließen sie den Alten gewähren.

So fand die Hündin in den kommenden langen Wintermonaten wenigstens notdürftig Schutz vor Nässe, wenn auch nicht vor der klirrenden Kälte. Doch sie war noch jung, und obwohl sie nicht ausreichend ernährt wurde, konnte ihr Körper, bedingt durch die Kraft der Jugend, gerade noch mit der Kälte fertig werden, auch wenn er besonders in der kalten Jahreszeit immer mehr an Gewicht verlor. Sie rollte sich stets eng zusammen, aber so manches Mal fror sie erbärmlich oder konnte vor Hunger nicht schlafen. An vielen Tagen erhielt sie nur wenig oder auch gar nichts zu essen, dann, wenn keiner der Menschen daran dachte, sie zu füttern, wenn sich nichts im

Haus befand, was wertlos genug erschien, um es der Hündin zu geben, oder wenn abends derart schlechtes Wetter herrschte, dass man keine Lust mehr hatte, nochmals vor die Tür zu gehen.

Trotz alledem liebte die Hündin ihre Menschen sehr und ihre Augen leuchteten, wann immer sie eines der Kinder oder deren Eltern erspähen konnte. Tobten die Kinder im Hof, zeigte sie sich nach wie vor wie besessen vor Freude, sprang hin und her, riss an der Kette, bellte und winselte und versuchte mit allen Mitteln zu den umher rennenden Menschen zu gelangen. Wie eifrig wäre sie dem Ball hinterhergelaufen, hätte ihn mit Wonne hunderte Male zurückgebracht. Sie war doch selbst auch wie ein Kind, voller Lebenslust und Überschwang, wollte spielen, Spaß und Freude erleben, ihre jugendliche Kraft und Geschmeidigkeit ausleben und genießen. Wie gerne hätte sie die Kinder begleitet, wenn diese das Grundstück verließen. So neugierig war sie darauf, was sich wohl hinter den hohen Mauern, Hecken und Zäunen verbergen mochte, die das Gelände begrenzten, sie wollte Abenteuer erleben, Aufgaben erfüllen, Neues kennenlernen.

In ihrem Leben gab es nicht viel, was ihren Geist forderte. Sie nahm die Geräusche wahr, die von außen hereindrangen, und versuchte, Bilder dazu entstehen zu lassen. Doch das fiel ihr schwer, denn sie hatte nie etwas anderes gesehen als diesen Garten, der teils durch dichte Hecken, teils durch einen Zaun aus rostigem Metall von der kleinen davor verlaufenden Straße abgeschottet war. Sie hörte die Motoren der wenigen vorbeifahrenden Autos und Motorräder, die Stimmen von Menschen, das Poltern einzelner Pferdewagen, das Klappern der Hufe, das Gebell anderer Hunde. Die schienen das Schicksal mit ihr zu teilen. Ihre unterschiedlichen Stimmen kamen stets aus den gleichen Richtungen, auch sie schienen fixiert zu sein, eingesperrt oder an kurzen Ketten zur Bewegungslosigkeit verurteilt, und viele Male hörte sie sie rufen und weinen.

Oft beneidete sie die mageren, struppigen Katzen, die häufig in gebührendem Abstand an ihr vorbeihuschten – zwar ausgemergelt und immer auf der Hut, aber frei! Jedoch war es nicht die Freiheit der Katzen, ein selbstständiges Leben zu führen, die sie für sich zutiefst ersehnte, es war lediglich die Freiheit der uneingeschränkten Bewegungsmöglichkeit, die sie sich so sehr wünschte und am meisten vermisste. So manches Mal glaubte sie, ihr junger Körper müsse zerbersten. Dann, wenn diese ganz besondere stürmische und unbändige Energie über sie kam, eine strotzende Kraft, die Stärke und Lebensfreude ihrer Jugend. Ihr Körper sehnte sich so sehr danach, sich zu strecken, zu springen, zu rennen. Es war dann ein Gefühl in ihr, als stocke ihr Atem, als müsse sie alle Hindernisse sprengen, um endlich die Freude der ungestümen Bewegung zu genießen. Doch wieder und wieder verkrampfte sie sich im Schmerz, wenn wie immer in solchen Momenten die zwei Meter lange Kette ihren Lebenshunger und Bewegungsdrang zunichtemachte und das schwere, harte Eisenband unerbittlich an ihrem Hals riss und in ihr Fleisch drückte.

Waren diese erschöpfenden und kräftezehrenden Momente vergangen und hatten sie in Resignation zurückgelassen, waren es doch immer wieder die Nächte, die ihr neue Zuversicht gaben. Dann, wenn die ganze Welt in barmherzige Dunkelheit eingetaucht schien, wenn alles ruhte und sie unter dem stillen Nachthimmel lag, gaben ihr die Weite und Unendlichkeit dieses Himmels und die Millionen leuchtender Sterne die Kraft zum Weiterleben, indem sie Licht in ihr einsames Herz fließen ließen. Sie waren ihr so vertraut, waren Halt und Schutz und vermittelten ihr das tiefe Wissen, dass da noch so viel mehr sein musste als dieses gegenwärtige Leben, das ihr im Moment so wenig von dem geben konnte, was sie sich ersehnte. Die Sterne, die in ihrem Glanz und ihrer bewegten Leuchtkraft wie wundervolle lebende Wesen erschienen, schenkten ihr Hoffnung, Hoffnung auf Veränderung und vor allem spendeten sie wärmenden Trost und gaben ihr das sichere Gefühl, nicht alleine zu sein auf dieser Welt.
Doch immer wieder verblasste dieses tröstliche Wissen in ihr. Es geschah meist dann, wenn sie lange Tage und Nächte alleine und ohne Ansprache verbringen musste. Es geschah dann, wenn sie tagelang kein Futter bekam und sich die Organe in ihrem mageren Körper vor Hunger verkrampften, wenn niemand ein Wort für sie hatte oder ihr anderweitig etwas Beachtung schenkte, sei es auch nur, indem er den Platz, an dem sie sich befand, notdürftig reinigte. Sogar eine schlechte Behandlung war ihr

wertvoller als ständige Einsamkeit, und so empfand sie selbst das knappe und unzureichende Reinigen ihres Liegeplatzes als Bereicherung, obwohl sie dabei nicht selten mit Besen oder Schaufel derb in die Rippen gestoßen wurde, wenn sie freundlich wedelnd im Wege stand.

Dabei war sie so anspruchslos, ohne Forderungen, ohne Bedingungen. Sie wollte doch gar nicht fort von hier, wollte doch hier leben, still und bescheiden, wollte einfach nur dabei sein. Ein kleines trockenes Plätzchen, etwas Futter und ein bisschen Ansprache, mehr benötigte sie nicht. Nein, sie sehnte sich nicht danach, in uneingeschränkter Freiheit zu leben. Ihr tiefer Wunsch und ihr Verlangen war es, stets bei und mit ihren Menschen zu sein. Sie sehnte sich nach deren Nähe, nach einem freundlichen Wort, nach der Möglichkeit, dorthin gehen zu können und zu dürfen, wohin sie gingen, erwartete dabei nicht einmal Zuneigung, obwohl es für sie das Schönste gewesen wäre. Sie wünschte sich doch nur, neben ihnen zu liegen, sie zu sehen, zu hören, zu spüren, zu beobachten. Das alles jedoch wurde ihr verwehrt und sie litt unter der Ausgrenzung.

Im Herzen der jungen Hündin dominierten Kummer und Dunkelheit. Sie litt sehr unter der Ausgrenzung und der ständigen Einsamkeit, wünschte sie sich doch nichts mehr, als bei ihren Menschen zu sein, ihr Leben mit ihnen zu teilen.

Zwei Jahre weilte sie auf dieser Welt, da schien es, als wäre endlich der ersehnte Tag gekommen, der ihr Leben zum Besseren wenden würde. Eines Morgens betrat der alte Mann den Hof, er, der ihr bereits so viel Gutes getan hatte, indem er eine kleine Behausung für sie schuf. Er war der einzige Mensch in ihrem Leben, der sie jemals freundlich berührt hatte, und so begrüßte sie ihn überschwänglich, als er zu ihr trat.
Es war der heutige Morgen gewesen, der Tag, an dem er sie von dem schweren Halsband befreit hatte, das sie trug, seit sie vier Monate alt war. Damals hing es schwer und lose um ihren Hals, doch mit der Zeit wurde es ihr – bedingt durch ihr Wachstum – immer enger, um schließlich hart in ihr spärliches Fleisch zu drücken.

Und nun lag sie hier, an einem ganz anderen, einem neuen Platz. Sie lag hier, befreit von der Last der Kette, mit einem Unterschlupf vor Wind und Wetter und um die unglaublich schöne und wertvolle Erfahrung reicher, die Sonne auf ihrem Fell spüren zu dürfen, diese wunderbare Sonne mit ihren tanzenden Strahlen, die sie bisher nicht kennenlernen durfte und die nun hier einen Teil ihrer neuen kleinen Welt erhellte.
In dieser Nacht schlief sie tief und fest. Zum ersten Mal seit vielen Monaten konnte sie sich auf der Seite ausstrecken, ohne den Druck und die Härte des Eisenringes an ihrem Hals zu spüren. Der Himmel über ihr war immer noch derselbe und sie konnte die gleichen vertrauten

Sterne sehen. Doch da war so viel Hoffnung, noch viel mehr, als ihr die Sterne jemals zuvor vermittelt hatten. Ihr schien, als habe in ihrem Leben eine große und bedeutende Bewegung stattgefunden.
Die Sterne dieser Frühlingsnacht leuchteten so intensiv, dass man fast glauben konnte, sie vermochten den Hof und den Garten auch ohne den Schein des Mondes zu erhellen. Vielleicht wachte sie in diesem Moment auf und sah es mit eigenen Augen, vielleicht war es aber auch eine Erscheinung in ihren Träumen. Ganz gleich ob Traum oder Realität, mit einem Mal löste sich einer der hellsten Sterne vom Himmel und zog in weitem Bogen durch die Nacht, einen strahlenden Lichtschweif hinter sich herziehend, der der mageren Hündin in ihrem kargen Verlies wie pure lebendige Energie und Lebenskraft erschien. Nur Sekunden dauerte die Erscheinung an, dann zeigte sich der Himmel wie wenige Momente zuvor wieder still, leuchtend, schweigsam und unergründlich tief – so als sei nichts geschehen.
Obwohl eine solch tief greifende Veränderung in ihrem Leben stattgefunden hatte, vergingen die nächsten Monate wie die zuvor. Zwar empfand sie besonders das warme Licht der Sonne als großes Glück, ebenso wie die Befreiung von der Last der Kette, doch nach wie vor litt sie unter der Einsamkeit und Isolation, die sich für sie nicht veränderten, sondern noch verstärkten.
Noch seltener als zuvor kam jemand zu ihr in den entlegenen Winkel des Geländes oder verharrte gar auch nur

für einen Moment. Die, die ihr Futter und Wasser brachten, taten dies lustlos und desinteressiert und verweilten nicht. Einzig die kleine Tochter der Familie suchte ab und zu den Weg zu ihr. Sie war erst fünf Jahre alt und meist nicht unbeaufsichtigt. In unbeobachteten Momenten jedoch suchte sie die Nähe der einsamen Hündin und streckte ihre kleinen Hände durch die rostigen Gitter. Die Hündin, zermürbt vom Warten und Hoffen, konnte dann mit dieser Situation kaum umgehen und wusste vor Glück und Verzückung nicht ein noch aus. Aufgeregt winselnd leckte sie immer wieder die Finger des Kindes und versuchte, ihre Schnauze durch die scharfkantigen Eisenstäbe des Gitters zu strecken. Oft verletzte sie sich dabei, schürfte sich das Fell ab oder riss sich an den rostigen Drähten die Haut auf. Meist wurde das Kind jedoch nach wenigen Minuten weggerufen und es rannte davon. Die Hündin blieb dann in Verzweiflung zurück und es dauerte Wochen oder gar Monate, bis sich diese für sie so beglückenden Momente wiederholten. Nie hätte sie gedacht, dass dieser Zustand der trüben Einsamkeit und schmerzenden Isolation sich noch weiter verschlimmern könnte, doch es sollte so kommen …

Oft lag sie still und regungslos und betrachtete ihre Welt. Sie wusste, dass die Welt noch größer war als das, was sie um sich erblickte. Auch hinter dem Wohnhaus, von dem sie jetzt nur noch einen Teil erspähen konnte, ging die Welt weiter. Sie erinnerte sich daran, denn dies hatte sie von dem Platz aus gesehen, an dem sie geboren wurde.

Allerdings hatte sie keine Vorstellung davon, dass die Welt auch außerhalb des für sie sichtbaren Bereiches weiterging. Einzig die Geräusche, die sie nach wie vor des Tags und auch nachts immer wieder vernahm, schienen noch weiter entfernt zu sein, als sie schauen konnte, und bestärkten sie immer wieder in ihrer Vermutung, dass es da draußen noch eine andere, größere Welt gab, von der sie jedoch keine Vorstellung hatte. Doch so sehr sie sich auch bemühte, es kamen keine Bilder zu ihr, die vielleicht die langen Zeiten des einsamen Wartens belebt hätten.

Isoliert vom Leben und den Menschen, denen sie sich zugehörig fühlte, verbrachte sie ihre Tage und Nächte in einem kleinen schmutzigen Gehege. Sie hatte keine Vorstellung von der Welt da draußen, der Welt, für die sie keine Bilder hatte, denn sie durfte das Grundstück niemals verlassen.

Nachdem ein weiterer Winter vergangen war, kam der Tag, an dem ein anderer Hund auf dem Grundstück einzog. Doch kam es nicht so, dass er ihr Gesellschafter, Partner und Freund wurde, ihre Einsamkeit durchbrach und ein neues Lebensglück vermittelte – nein, das Gegenteil war der Fall. Der Hund, ein Geschenk für die beiden jüngeren Kinder, war ein Welpe, ein kleiner, schneeweißer Rüde einer besonders wertvollen und seltenen Rasse. Die Hündin beobachtete still und gespannt, wie der kleine Rüde eines Tages durch den Hof geführt wurde und im Haus verschwand. In den folgenden Wochen sah sie ihn immer wieder ein- und ausgehen. Was ihr verwehrt war, wurde ihm, der offensichtlich sorgsam gehegt und gepflegt wurde, gestattet. Die Kinder verbrachten viel Zeit mit dem kleinen Hund, achteten aber stets darauf, dass er nicht über den Hof lief und in das Gehege der Hündin geriet oder auch nur in deren Nähe. In der ersten Zeit hatte sie aus ihrer entlegenen Ecke heraus immer wieder aufmerksam, erregt und erwartungsfroh und mit ständigem Schwanzwedeln beobachtet, was sich im vorderen Teil des Grundstücks abspielte, immer in der Hoffnung, dass man kommen und sie holen würde, sie beteiligen würde am ausgelassenen Spielen und Toben. Irgendwann, nachdem sie verstehen musste, dass niemand kam, begann sie damit, hysterisch zu bellen, wenn sie den kleinen Hund nur sah. Dann rannte sie mit kurzen Sprüngen am Zaun ihres Gefängnisses hin und her oder sprang gar dagegen und ihr Verhalten wurde nach und nach fordernder. Sie schrie verzweifelt um Aufmerksamkeit und bettelte winselnd darum, ebenfalls einen Platz in der Familie zu erhalten. Doch die Konsequenz aus ihrem drängenden Verhalten sollte letztendlich eine andere sein ...

Die kleine Tochter, die mittlerweile zur Schule ging, war nach wie vor die Einzige, die die Hilferufe hörte und auch verstand. Eines Tages ging sie seit langer Zeit wieder einmal zum Gehege der Hündin, stand traurig am Zaun und versuchte, ihr durch die Gitter einige Liebkosungen zukommen zu lassen. Gerne hätte sie dies öfter getan, aber die Eltern sahen es mit Missbilligung.

In der Schule gab es eine junge Lehrerin, die den Kindern erzählte, dass man Hunde nicht schlecht behandeln, nicht anketten sollte. Die Kleine hatte stolz erzählt, dass ihr Hund kein schweres Eisenhalsband mehr trug, aber sie fühlte, dass es damit nicht getan war, fühlte, dass es der Hündin mit dem schmutzigen sandfarbenen Fell, der Hündin ohne Namen, trotzdem nicht gut ging. Doch ihre Versuche, die Eltern zu beeinflussen, scheiterten. Der Hund sei das so gewohnt und benötige nichts, sagte man ihr ..., er habe sogar eine Hütte, mehr brauche er nicht, sagte man ihr ..., und außerdem sei es doch nur ein Bastard, ein wertloser Köter, so sagte man ihr ...
Das Mädchen wurde immer trauriger und ihr Herz immer schwerer und so verbot man ihr, sich um den Hund zu kümmern oder auch nur nach ihm zu sehen. Bei nächster

Gelegenheit brachte der Vater mit grobem Draht eine alte Plane an dem verrosteten Zaun des Käfigs an, sodass die Kinder beim Spielen im Hof die Hündin nicht mehr sehen konnten und diese auch durch den Anblick der Kinder nicht mehr zum Bellen veranlasst wurde, denn ihr wurde dadurch der Blick auf den Rest des Geländes versperrt.

Der Hündin wurde damit ihre letzte Anbindung an die Familie genommen, die einzige Freude, die sie noch empfinden durfte, dann, wenn sie ihre geliebten Menschen kommen und gehen sah. Sie konnte nun nur noch durch den spärlichen Heckenbewuchs auf das verwahrloste und verlassene Nachbargrundstück und die darauf befindlichen leer stehenden Gebäude schauen. Im Herbst und Winter, wenn die Büsche kein Laub trugen, sah sie außerdem eine schmale, kaum frequentierte Straße, die hinter dem Nachbargrundstück vorbeiführte.
Wie viele Male war sie freudig wedelnd aufgesprungen, wenn sie die Kinder sah, hatte gebellt und gerufen, und wie glücklich war sie gewesen, wenn ihre Rufe hin und wieder erhört wurden und eines der Kinder wenigstens kurz zu ihr herübergeschaut hatte. Nun konnte sie ihre Menschen nur noch hören, konnte nicht mehr beobachten. Zögerlich stand sie dann, wenn sie Laute hörte, rührte sich nicht, starrte gegen die schmutzige Plane, horchte mit konzentriertem Blick, suchte nach Bildern, wusste nicht, was gerade passierte, wenn die Geräusche schließ-

lich abrupt verstummten. Oft stand sie noch lange Zeit und lauschte, angespannt und verunsichert, legte sich erst viel später enttäuscht und verzagt nieder, wenn sie realisieren musste, dass niemand mehr da zu sein schien.

Sie wurde stiller und trauriger. Ihr schmächtiger Körper wurde noch magerer und irgendwann stand sie nicht mehr auf, wenn einer der Menschen kam, um ihr etwas Futter zu bringen oder hin und wieder ihr Gehege zu säubern. Sie resignierte mehr und mehr. Niemand sah die Qual in ihren Augen, niemand litt mit ihr, niemanden berührte ihr freudloses Dasein.
Aber ihr Leben ging trotzdem weiter, nun gänzlich ohne kurze, freudige Momente, stattdessen nur noch in Resignation und Trauer.

Die Hündin wurde immer trauriger und freudloser. Ihr Lebensmut schien sie nach und nach zu verlassen. Einsam und vergessen wartete sie in ihrem Gehege und hungerte an Körper und Seele.

Sie lag die meiste Zeit auf dem harten Boden, schlief viel, döste, stand auf, drehte sich im Kreis und legte sich wieder nieder. Die Schwielen, die sich im Lauf der Jahre durch das ständige Liegen an ihrem Körper gebildet hatten, wurden größer und härter und schmerzhafter. Ihre Augen verloren den letzten Glanz und ihr Blick wurde stumpf. Viele, viele Male am Tag und in der Nacht wanderten ihre Augen über das, was sie sehen konnte. Sie sah die hölzerne Wand des Schuppens, die Farbe, die vom Holz abblätterte. Sie sah das Nest der Vögel, die jedes Jahr unter dem Dachvorsprung des Lagerraumes nisteten. Sie sah die schmutzige braune Plane mit den vielen kleinen bunten Farbspritzern, die hohe Mauer auf der einen Seite ihres winzigen Areals und die lichten Hecken, die das Gelände von den Nachbargrundstücken abgrenzte, auf der anderen Seite. Sie sah den gestampften Boden, auf dem sie ruhte, die scharfkantigen Steine, die daraus hervorlugten und an ihren Knochen schmerzten, wenn sie darauf lag. Und sie sah den Himmel hoch über ihr, und das war ihr einziges Glück. Das Einzige, was ein bisschen Frieden und Harmonie in ihr Leben brachte, waren der weite Himmel, die Sterne der Nacht und die Sonnenstrahlen des Tages.

Doch nach wie vor hegte sie keinen Groll gegen ihre Menschen. Sie kannte keinen Hass, keinen Ruf nach Vergeltung. Sie war Liebe und Treue, Verzeihen und Akzeptanz und trotz aller Trauer auch sehr dankbar für das, was sie hatte. Zwar lag schon lange kein – wenn auch hartes, so trotzdem wärmendes – Stroh mehr in ihrer Hütte, aber diese kleine Behausung war ihre Zuflucht, war Schutz gegen die Nässe, die ihr in den letzten Jahren immer mehr zu schaffen machte. Die Feuchtigkeit, der harte Boden und die aufsteigende Kälte schmerzten sie, und ihre alten Knochen konnten den schmächtigen Körper so manches Mal kaum noch tragen. Doch immer wieder verging ein Jahr, und sie hörte nicht auf zu atmen und nicht auf zu hoffen. Sie wartete, jede Minute der Stunde, jede Stunde des Tages, jeden Tag der Woche, jede Woche des Monats und jeden Monat des Jahres und weiter darüber hinaus. Sie wartete auf Zuspruch, auf Zuneigung, auf ein bisschen Nahrung, auf eine Berührung, auf die Sterne der Nacht, auf die Strahlen der Sonne, auf die Wärme des Sommers, die ihre Beschwerden linderte. Sie spürte, dass da ein Loch in ihr war, eine große Leere und manchmal wollte sie nicht glauben, dass es für sie kein Glück geben sollte.

Sie wusste nicht, wie Hunde lebten, die von ihren Menschen geliebt wurden, wusste nichts von dicken Liegekissen vor dem Kamin, von Spielzeugen und Leckerbissen. Sie wusste nichts von langen Spaziergängen im Wald oder am Ufer des Flusses, von Urlauben am Meer. Sie wusste nichts von Freundschaften mit anderen Hunden, von gemeinsamen fröhlichen Spielstunden und freundschaftlichen Balgereien im Schnee. Sie wusste nicht, wie wertvoll ein Hundeleben war und wie bereichernd für die Men-

schen, die das erkannten. Doch sie spürte deutlich und schmerzhaft, dass in ihrem Leben etwas Wichtiges fehlte, dass sie auf diese Welt gekommen war, um Freundin und Wegbegleiterin zu sein und um Hilfe und Halt, Freude und Zuneigung, bedingungslose Treue und Liebe zu geben.
So gerne hätte sie alles für ihre Menschen getan, sie zum Lachen gebracht und mit ihnen geweint, sie getröstet, wenn sie traurig waren, sie beschützt und verteidigt. Sie hätte ihnen so gerne all ihre Liebe gegeben und sogar ihr Leben für sie geopfert. Doch niemand wollte das, was sie zu geben hatte, stattdessen ließ man ihre Seele verhungern.
Der alte Mann, der Einzige, der jemals etwas für sie getan hatte, war nicht mehr wiedergekommen, und eines Tages hörte sie auf zu warten und ganz schmerzlich und sachte hörte sie irgendwann auch auf zu hoffen. Allein die Kraft der Sterne, die sie immer noch spüren konnte, hinderte sie daran, sich ganz aufzugeben.

So lebte sie Jahr für Jahr. Der Sommer kam nach dem Frühling, der Frühling folgte dem Winter. Der Winter zerstörte den Herbst, der noch die Farben des Sommers trug, und ihm folgte ein neuer Frühling, dessen Sonnenlicht die Kraft des Winters besiegte – wieder und immer wieder. Sie lebte in einem endlosen, freudlosen Strudel aus Jahreszeiten, Wärme und Kälte, Regen und Schnee, Tag und Nacht. Ihr Leben war ein träger Wirbel aus Geräuschen, Stille, Warten und Hunger. Ihre Welt bestand aus einer zerfallenden hölzernen Hütte, gestampftem Boden, aus dem spitze Steine hervorlugten, einer Mauer aus Stein, einem rostigen Zaun, einem schmutzigen, alten Futtertopf. Manches Mal, wenn sie nahezu betäubt vor Hunger im Staub lag, spürte sie einen Sog, der sie in die Erde zu ziehen schien. So gerne hätte sie dem nachgegeben. Unter der Härte des Bodens schien die Erde warm und weich zu sein, schien sie aufnehmen zu wollen in tröstende Dunkelheit. Sollte das das Ende sein? Das Ende eines Lebens in Einsamkeit? Sie würde sich damit einreihen in die unendlich hohe Zahl der Hunde, die ein ähnliches Dasein fristeten, die vielleicht die Strahlen der Sonne niemals spüren durften, die genauso unbeachtet geboren wurden, unbeachtet lebten und unbeachtet starben.

Doch sie wollte es nicht – so wollte sie es nicht und trotz ihrer Kraftlosigkeit sträubte sie sich gegen diesen erbarmungslosen Lauf der Dinge. Und immer aufs Neue, nach verlockenden Gefühlen der Schwerelosigkeit, verblasste die Sehnsucht wieder, diese Sehnsucht nach der warmen Erde und der Wunsch, in ihr aufgenommen zu werden.

Der Schleier, der sich bereits über sie gelegt hatte, lichtete sich und sie konnte den Himmel wieder sehen. Etwas in ihr wehrte sich trotz allem dagegen, einfach loszulassen.
Aber wenn sie aus dem Nebel erwacht war, erneut den Schmerz des Hungers spürte und in den blassen Winterhimmel schaute, dann fragte sie sich, wo die Sterne waren, die ihr stets so viel Hoffnung vermittelt hatten – sie konnte sie manches Mal nicht mehr sehen. Und abermals wuchs ganz sachte das Verlangen in ihr, den Widerstand aufzugeben und dem leisen Ruf aus einer anderen Welt zu folgen. So drehte sich ihr Dasein um Hell und Dunkel, Wärme und Kälte, Leben und Sterben und manchmal konnte sie das eine nicht mehr vom anderen unterscheiden.

Die Winter waren schwer zu ertragen und zehrten sie immer weiter aus. Man hätte meinen können, die warmen Jahreszeiten brächten Erleichterung, dem war aber nur bedingt so. Jedoch ließ das Erwachen der Natur stets ein kleines bisschen neuen Lebenshunger in ihr aufsteigen, löste Jahr für Jahr und immer aufs Neue Sehnsucht in ihr aus, Sehnsucht nach Freiheit, nach ein bisschen Bewegung, nach Freude und Unbeschwertheit.

Hin und wieder in der Stille der Nacht hörte sie den kleinen Hund im Haus bellen, wenn der etwas zu hören glaubte. Danach war wieder Schweigen, und die Zeit verstrich langsam weiter, endlose Stunden in Nässe, Kälte, Hunger und Einsamkeit ...

Zehn lange Jahre vergingen in Trauer und Isolation, in Verlorenheit und Bewegungslosigkeit, in Stumpfheit und Ablehnung, in Kälte und Verkanntsein.
Immer wieder Stille, Stille und Leere, Leere und Alleinsein. Die Einsamkeit lastete auf ihr wie das Gewicht von schweren Steinen. In Schweigen und Verlassenheit wurde jeder Moment zu einer Ewigkeit. Aufstehen, sich drehen, stehen, horchen, sich wieder drehen, hinlegen und nur eine Minute war vergangen. Ein Tag bestand aus vielen, vielen Minuten Einsamkeit. Viele Male aufstehen, sich drehen, stehen, horchen, sich wieder drehen, hinlegen, dösen, aufstehen, sich schütteln, gegen die Wand schauen, auf Geräusche warten, die anderen Hunde aus anderen kleinen Welten hören, manchmal ihren Schreien lauschen oder in ihre Stille eintauchen. Auch deren vertraute Stimmen wurden immer schwächer und heiserer, viele waren im Verlauf der letzten Jahre bereits ganz verstummt. Andere, unbekannte Stimmen waren hin und wieder hinzugekommen und hatten dieser Welt da draußen, die für sie nicht aus Bildern bestand, etwas Fremdes, Beängstigendes gegeben. Doch eher selten gab es diese Veränderungen.

Immer gleiche Tage, immer gleiche Nächte, immer gleiche Träume, denn da war nichts, was ihren Geist beschäftigte und bereicherte, und da war irgendwann auch nichts mehr, wovon sie träumte. Manchmal regte sich tief in ihr eine quälende Sehnsucht nach der Wärme der Mutter, und hin und wieder flackerten schemenhafte Erinnerungen auf an die Zeit, als sie glaubte, das große, spannende Leben würde noch für sie kommen. Viel Zeit war inzwischen vergangen und es blieben Erinnerungen ohne Gesichter, aber sie waren die einzigen, die sie hatte. Ihre Knochen schmerzten mittlerweile bei jedem Aufstehen und bei jedem Hinlegen. So manches Mal glaubte sie, sich nicht wieder erheben zu können, ihr schwacher Körper schien ihr nicht mehr gehorchen zu wollen.

Irgendwann spürte sie, dass da etwas in ihr war ...
Dann kamen die Schmerzen, langsam, schleichend, aber unaufhörlich und drängend und dominierten schließlich ihr Leben. Sie fühlte, dass sich etwas in ihr ausbreitete, durch sie hindurch zu kriechen schien. Dieses Etwas wuchs, bahnte sich rücksichtslos seinen Weg, verdrängte dabei ihre Organe und drang schließlich machtvoll nach außen. Sie wehrte sich nicht dagegen. Nachts, wenn sie auf dem harten Holzboden ihrer Hütte lag, wimmerte sie oft leise vor Schmerzen. Niemand hörte es, niemand tröstete sie, niemand linderte ihre Schmerzen. Ihr Blick wurde leer und starr. Ganz langsam und sachte begann das Leben aus ihrem Körper zu fließen und mit jedem Tag, der verging, konnte sie den Weg, der sich vor ihr auftat, deutlicher erkennen.

Ihr ausgemergelter Körper schien ihr nicht mehr zu gehorchen. Sie lag die meiste Zeit und spürte dabei deutlich, dass etwas in ihr sich veränderte.
Dann kamen die Schmerzen und sie konnte sich schließlich gar nicht mehr erheben. Doch niemand schien ihr zur Hilfe zu kommen …

An einem Tag, der kein besonderer war, der wie sie keinen Namen hatte, fand einer der Menschen die alte Hündin in einer Blutlache liegend. Den großen Tumor an ihrem Bauch hatten sie wohl bemerkt, aber vielleicht von Tag zu Tag erwartet, dass er verschwände oder sie an ihm zugrunde ging. Weder das eine noch das andere war eingetroffen. Sie konnte zwar offensichtlich nicht mehr aufstehen, aber sie lebte. Man überlegte nun, wie man sich ihrer am einfachsten entledigen konnte ...
Es sah nicht aus, als würde sie wieder gesund werden. Ein Unmensch sein und sie erschlagen, das wollte man dann doch nicht, aber Geld für die alte Hündin ausgeben und sie einem Tierarzt vorstellen, kam auch nicht infrage, das war sie in den Augen der Menschen nicht wert.
Eine Nachbarin wusste Rat. Sie hatte von einer jungen Frau gehört, die vor Kurzem aus der Stadt ins Dorf gezogen war und am Ende der Straße wohnte, im Haus des alten Sonderlings, der vor einigen Jahren gestorben war. Das Haus hatte lange leer gestanden. Nun wohnte diese Frau darin. Auch sie beherbergte – wie der Alte zuvor – dort einige Hunde und Katzen. Vielleicht konnte sie behilflich sein und sich des Problems annehmen.

Als die junge Frau zusammen mit einem Bekannten das winzige Gehege der alten Hündin betrat, war diese bereits so geschwächt, dass sie das Bewusstsein verloren hatte. Beherzt packten die beiden jungen Leute den Hund in eine große Decke und trugen ihn zum Auto, das sie vor dem Hoftor abgestellt hatten. Zum ersten Mal in ihrem langen Leben verließ die Hündin das Grundstück und sie sollte auch nicht wieder hierher zurückkehren. Zwar beteuerten ihre Menschen, wie nahe sie ihnen und besonders den Kindern stand und dass sie sie – sollte eine Heilung möglich sein – selbstverständlich wieder aufnehmen würden, doch glauben konnte das niemand. Als die Hündin ins Auto gehoben wurde, die Lade ins Schloss fiel und das Fahrzeug davonfuhr, stand ein junges Mädchen am Fenster des Hauses und weinte stille Tränen.

Das verfilzte sandfarbene Fell hatte sich im gesamten Bauchbereich mittlerweile blutrot gefärbt und auch die Decke war von Blut durchtränkt, als die beiden jungen Leute mit der Hündin die Tierklinik erreichten. Hier wurde sie umgehend operiert, der außen liegende, aufgebrochene Tumor entfernt, und es sah so aus, als habe sich die Sache schlimmer dargestellt, als sie tatsächlich war.
Jedoch war trotzdem viele Tage lang nicht klar, ob sich die Hündin von den Strapazen erholen würde, denn ihr Zustand und vor allem auch das sonstige Allgemeinbefinden waren denkbar schlecht.

Sie lag in der kleinen vergitterten Box und aufgrund der vielen Notfälle musste sie unter ein Vordach im Hof der Tierklinik gestellt werden, denn die zur Verfügung stehenden Räume für die kranken Tiere waren überfüllt. So lag sie Tage und Nächte und in ihr kämpfte das Leben mit dem Sterben. Sie trieb dahin wie ein Boot auf dem Meer, das ohne Führung war. Nur in Fragmenten drangen die Geschehnisse, die sich um sie herum abspielten, in ihre Wahrnehmung. Doch das war gut so, denn sie, die bisher von der Umwelt abgeschottet gelebt hatte, hätte die Unruhe und das ständige Kommen und Gehen bei vollem Bewusstsein sicherlich nur schwer verkraftet.

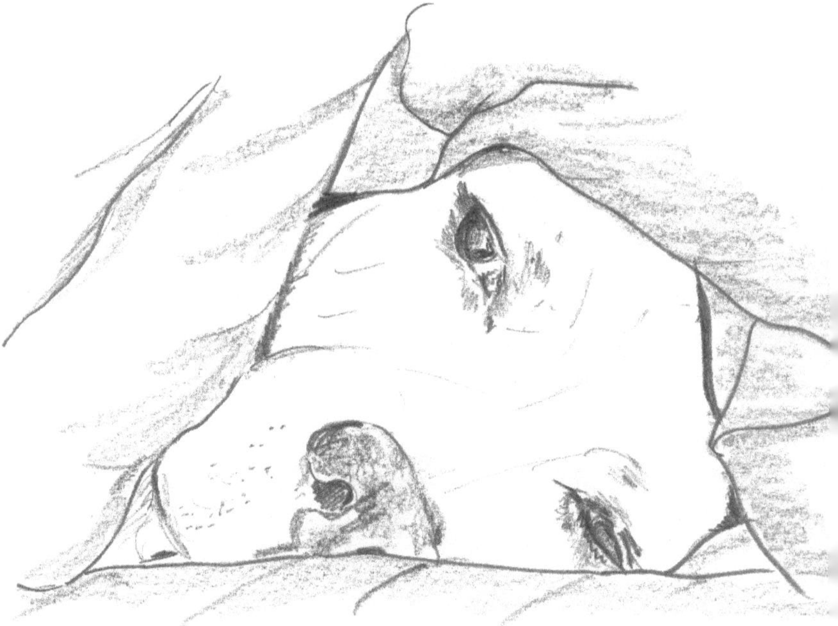

Im Zustand zwischen Leben und Tod, zwischen Gesundung und Krankheit, zwischen Aufbäumen und Loslassen nahm sie nur ihre unmittelbare Umgebung wahr, die kleine vergitterte Kiste, in der sie sich nun befand. Noch kleiner schien ihre Welt nun geworden zu sein und noch kleiner das Stück Himmel, das sie über sich erblickte. Doch so klein dieses Himmelsstück auch war, sie konnte die Sterne darin wieder erkennen. Und da, in diesem Moment des Erkennens, löste sich einer dieser Sterne und für einen kurzen Augenblick sah sie den weißen leuchtenden Schweif, mit dem die Sternschnuppe durch die Nacht zog und im Bruchteil einer Sekunde aus ihrem Blickfeld verschwand. So gerne hätte sie das wundervolle Licht mit ihren trüben Augen verfolgt, doch sie war zu schwach, um ihren Kopf zu heben.
Obgleich dieses Erlebnis nur wenige Sekunden dauerte, erweckte es doch ihre Lebensgeister und so fand man die alte Hündin am nächsten Morgen aufrecht kauernd vor und nicht wie in den vergangenen Tagen ausschließlich auf der Seite liegend.

Die Menschen, die um sie gebangt hatten, freuten sich sehr darüber, und zum ersten Mal nahm die Hündin wahr und spürte deutlich, dass sich Menschen um sie sorgten. Doch die Überforderung hinsichtlich der äußeren Eindrücke, aber auch der vielen Gefühle, die ihr entgegengebracht wurden, war groß. Sie war nicht in der Lage, sich auszudrücken, wusste nicht, wie sie sich verhalten sollte,

und reagierte mit Unsicherheit und ängstlichem Rückzug, soweit ihr kleiner Käfig dies überhaupt zuließ.
Die Situation überanstrengte und erschöpfte die alte Hündin. Sie spürte das Bangen und Hoffen der Menschen, die Fürsorge und Aufmerksamkeit, die sie ihr zukommen ließen. Wie viele lange Jahre hatte sie sich das so sehnlichst gewünscht ... Sie spürte aber auch die Erwartungshaltung der Menschen, die Hände auf ihrem Fell und ihrem Kopf. Die liebevollen Berührungen, nach denen sie sich so lange gesehnt hatte, konnten jedoch nicht zu ihrem Herzen vordringen, das war wie zerbrochen.

Ihre Augen nahmen ihre Umgebung wahr und waren doch nicht imstande, sie zu erkennen. Ihr ganzes Leben lang waren nur wenige Bilder vor ihren Augen gewesen und nun erschloss sich ihr da eine Weite, die sie überforderte. Und trotz der Qual, die sie jahrelang erleiden musste, vermisste sie ihre vertraute Umgebung und vor allem ihre Menschen.

Von diesen Menschen allerdings, die ihr so sehr am Herzen lagen, bei denen sie aufgewachsen war, in deren Nähe sie ihr ganzes Leben verbracht hatte und nach denen sie sich sehnte, erkundigte sich in diesen Tagen niemand nach ihr. Schnell war ihnen aufgefallen, dass die alte, unansehnliche Hündin nur eine Last gewesen war und dass man froh sein konnte, sich ihrer auf diese Art und Weise entledigen zu können. Auf keinen Fall wollte man sie zurückhaben und war erleichtert, dass auch niemand diesbezüglich nachfragte. Wahrscheinlich war sie mittlerweile sowieso nicht mehr am Leben, sie war ja alt gewesen und bereits schwach und apathisch, als sie vom Grundstück getragen worden war. Vielleicht bot sich demnächst die Gelegenheit, einen jüngeren Hund an ihren Platz zu setzen. Eine der Hündinnen im Ort würde sicher bald Welpen werfen. Der Platz war ja da und es war immer gut zu wissen, dass nachts niemand unbemerkt auf dem Gelände umherschleichen konnte.

In der Klinik machte die Hündin in körperlicher Hinsicht langsame Fortschritte. Jedoch konnte immer noch niemand vorhersagen, wohin ihr Weg führte, denn sie war offensichtlich nicht nur durch die Krankheit geschwächt, sondern auch in einem schlechten Ernährungszustand und die Chancen standen nicht gut. Außerdem schien sie in ihrer Seele so schwer verwundet zu sein, dass man sich fragte, ob diese Verletzungen vielleicht die waren, die schwerer wogen als die körperliche Krankheit, die vielleicht nur der seelischen Qual ein Gesicht gegeben hatte.

Trotzdem tat man alles für sie, was getan werden konnte. Einen Namen hatte sie bereits am Tag ihrer Ankunft bekommen, denn niemand sollte namenlos sterben müssen. Sie sollte von nun an Amanda heißen ...
Amanda verbrachte die meiste Zeit ruhend in der vergitterten Box. Sie hatte kaum das Bedürfnis aufzustehen.

Mühevoll verließ sie zweimal am Tag ihren Ruheplatz und trottete in Begleitung einer Pflegerin schwankend und mit zitternden Beinen einige Meter über den Hof der Klinik, um dann schnellstmöglich wieder mit hängendem Kopf auf ihr in der Zwischenzeit frisch hergerichtetes Lager zu sinken. Nachdem einige Tage vergangen waren, zeigte sie keine Angst und Unsicherheit mehr, aber auch keine Freude. Stattdessen ließ sie alles, was mit ihr getan wurde, über sich ergehen und schien wie versteinert.
Die Menschen, die sich um sie sorgten, entschieden, dass die Klinik – nachdem das körperliche Befinden sich zwar langsam, aber doch sichtbar besserte – nicht mehr der richtige Ort für Amanda war. Die Freude war groß, als sich jemand fand, der sich bereit erklärte, die Hündin so lange aufzunehmen, bis ihr Zustand es zuließ, ihr ein neues und dauerhaftes Zuhause zu suchen.

Der Tag, an dem Amanda die Klinik verlassen durfte, war warm und sonnig. Sie wurde mitsamt ihrem Käfig in den Laderaum des Fahrzeugs gestellt, das sie in eine Umgebung bringen sollte, in der vielleicht auch ihre Seele heilen konnte. Die Fahrt dauerte nicht lang und endete etwas außerhalb der Stadt vor einem kleinen Haus inmitten eines großen Gartens. Amanda lag zusammengekauert auf ihrer Decke, als man sie auslud, in den Garten brachte und schließlich die Gittertür öffnete. Geduckt schlich sie aus dem Käfig und schaute sich unschlüssig um. Die Menschen, die sie umringten, schienen sanft und freundlich zu sein, doch Amanda war nicht in der Lage, sich ihnen zu öffnen. Mühsam trottete sie mit hängendem Schwanz eine kleine Anhöhe hinauf und ließ sich dort direkt am Zaun nieder, das Gesicht gegen die kleine Gartenmauer gedrückt, auf der der Zaun errichtet war.

Dort lag sie noch, als es Abend wurde, der Himmel sich zuzog und es leise zu regnen begann. Die alte Hündin war nicht in der Lage, selbstständig zu entscheiden, wohin sie gehen wollte. Die engen Begrenzungen, in denen sie ihr ganzes bisheriges Leben verbracht hatte, hatten nun nach dieser langen Zeit auch ihr Herz umschlossen und ihren Willen gebrochen.

Sie reagierte kaum, als sie jemanden neben sich spürte, der sanft eine Leine an dem weichen Halsband befestigte, das man ihr am Morgen umgelegt hatte. Mit leichtem Druck wurde sie hochgezogen und einige Meter durch den Garten bis zu einem kleinen Schuppen geführt. Dort hatte man ein weiches Lager vorbereitet, auf dem sie sich niederließ. Die wenigen Meter hatten sie so geschwächt, dass ihre Beine zitterten. Sie nahm wahr, wie eine Hand leicht und zart über ihre Stirn strich und wie ein Napf mit Futter neben sie gestellt wurde. Obwohl sie so oft hungern musste in ihrem bisherigen Leben, hatte sie bisher keinen guten Appetit entwickelt und aß meist nur wenige Häppchen des angebotenen Futters. Vielleicht, so hatte es den Anschein, konnte sie alles Gute, was ihr entgegengebracht wurde, bislang nicht annehmen, nicht aufnehmen, vielleicht war aber auch die Entscheidung in ihrer Seele noch nicht getroffen worden, ob sie leben oder sterben wollte, vielleicht kam all diese Zuneigung und das, was sie ein Leben lang vermissen musste, nun für sie zu spät ...

Der nächste Tag verlief ähnlich. Sie wählte im Regen zu liegen, und da es warm war, ließ man sie diese eigene Entscheidung treffen. Sie sollte die Zeit, die ihr noch blieb, so verbringen dürfen, wie sie es mochte, denn jeder, der sie beobachtete, fühlte, dass ihr Blick bereits auf die andere Seite schaute, in eine Welt, die weit entfernt und doch so nah war.

Auch an diesem zweiten Abend brachte man sie wieder in den Schuppen. Ihr vom Regen feuchtes Fell wurde liebevoll abgetrocknet und das saubere, weiche Lager und die gefüllte Futterschüssel warteten bereits auf sie. Als die Tür geschlossen wurde, sah Amanda durch das Fenster in der Schuppenwand den wolkenverhangenen Himmel. Da war kein Stern, der für sie leuchtete. Vielleicht gab es an diesem Ort keine Sterne. Sie fühlte in sich hinein und spürte, dass sie die Kraft der Sterne zwar noch immer tief in sich spüren konnte, aber wie ein Feuer kurz vor dem Erlöschen, wie eine Glut, die nur noch sachte loderte, reichte dieses schwache Licht nicht aus, um ihre Lebensenergie neu zu entfachen. Ihr fehlten das helle Leuchten und lebendige Glitzern und der tröstliche Anblick der Sterne. Doch auch wenn sie sie hier und jetzt nicht sehen konnte, empfand sie doch in dieser Nacht zum ersten Mal seit langer, langer Zeit ein kleines bisschen Geborgenheit.

So vergingen einige Tage. Amanda sollte Ruhe erhalten, man wollte sie nicht überfordern und deshalb konnte sie nicht mit im Haus leben, denn dies beanspruchten noch einige andere hilfsbedürftige Tiere für sich. Doch Amanda forderte es auch nicht. Sie forderte nichts und erduldete alles, ohne Anzeichen eines eigenen Willens. Vielleicht war es aber auch gut so, denn sie hatte somit die Möglichkeit, sich langsam an die komplett anderen Umstände zu gewöhnen. Sie wäre nicht in der Lage gewesen, so viele Veränderungen auf einmal aufnehmen zu können, und vielleicht verursachten gerade die nächtliche Rückzugsmöglichkeit, die Ruhe und die ihr entgegengebrachte sanfte, nicht fordernde Zuneigung den zaghaften Beginn einer Heilung, den die Menschen mit vorsichtiger Freude wahrnahmen.

Doch es war letztendlich die Nacht, in der Amanda die Kraft der Sterne wieder erkennen konnte, die ihr weiteres Leben nachhaltig veränderte. Diese magische Nacht – ungefähr zwei Wochen nach der Ankunft an diesem Ort –, in der sich nach einer langen Regenperiode der Himmel aufklarte und ein Firmament voller leuchtender Sterne freigab, war für Amanda, die das Glitzern durch das Fenster des Schuppens sah, eine Nacht der Wandlung. Sie wusste nun, dass die Sterne sie nicht verlassen hatten und auch diesen Platz hier beleuchteten, diesen Platz, der ihr schon so viel Licht und Kraft gegeben hatte.

Der folgende Tag zeigte die große Veränderung. Dieser Morgen, an dem die freundliche Frau, die sich so liebevoll um Amanda kümmerte, die Tür des Schuppens öffnete, war der Beginn eines Tages, der für Amanda den Aufbruch in ein neues Lebens bedeutete. Nicht wie die Wochen zuvor, resigniert und zusammengerollt, lag sie auf ihrem Lager, nein, das Gesicht der alten Hündin war ihrer Betreuerin zugewandt, und als sich ihre Blicke trafen, zeigte sich da ein zaghaftes Wedeln ihres Schwanzes, kaum wahrnehmbar. Tränen der Rührung und Dankbarkeit traten in die Augen der Frau, deren Herz in diesem Moment vor Liebe und Wärme überquoll.

Von da an änderte sich vieles und alles. In winzig kleinen Schritten eroberte sich Amanda das Leben zurück, erhielt eine Lebensqualität, die sie nie haben durfte. Nach und nach trat ein schimmernder Glanz in ihre matten Augen, ihre Haltung straffte sich etwas, wurde aufrechter und ihre Bewegungen schienen selbstbewusster und sogar ein bisschen geschmeidiger.
Amandas Körper jedoch war letztendlich betagt und verbraucht. Die beschwerlichen Jahre hatten ihre Spuren hinterlassen und die Zeit konnte nicht zurückgedreht werden. Nach allem, was sie erlebt hatte, konnte sie nicht mehr zu einem gänzlich fröhlichen und unbeschwerten Hund werden. Zu viele Jahre hatte sie in einer Dunkelheit gelebt, die nicht nur ihrem Körper, sondern auch ihrer Seele die Kraft genommen hatte. Vieles, was ihr hier nun

zur Verfügung stand, konnte sie nicht mehr nutzen. Sie war alt geworden, ihr Gang mühevoll und schwerfällig. Lange Spaziergänge durch Wälder oder an Flussufern, Toben am Strand und in den Dünen, Baden im Meer – das war für sie nicht mehr möglich. Aber es blieb noch so vieles, was ihr große Lebensfreude vermittelte. Sie wusste nun von dicken Kissen, von gefüllten Futternäpfen, von Wärme und Geborgenheit. Sie erfuhr nun, wie wunderbar es ist, einem geliebten Menschen überallhin folgen zu dürfen, und sie fühlte nun das Glück, wenn die Liebe, die man gibt, erwidert wird. Niemals wieder sollte sie Einsamkeit, Hunger, Angst und Kälte ertragen müssen. Auch wenn ihre Zeit auf dieser Erde nicht mehr lange währen sollte, so durfte sie doch noch erleben, was es bedeutet, anerkannt, respektiert und geliebt zu werden – und das war ein unglaublich großes Geschenk, das sie erkannte, beglückte und für das sie unendlich dankbar war.

Amanda haderte nicht mit ihrem Schicksal, wie die Menschen dies so gerne tun, sah nicht die Dinge, die ihr verwehrt blieben, sondern nahm freudig und mit neu erwachendem Lebensmut das an, was das Leben ihr nun schenkte. Sie lebte im Hier und Jetzt, einem friedvollen Hier und Jetzt – voll Licht und Sonnenschein, voll Glück und Geborgenheit …

Amanda lebt nun bereits seit zwei Jahren an dem Ort, der ihr die Sterne wieder schenkte, der ihr all das gab, was sie ein Leben lang missen musste und der schließlich zu ihrem endgültigen Zuhause wurde. Niemand hatte erwartet, dass die alte Hündin dieses Glück noch so lange genießen darf. Die Freude darüber ist groß, denn die Menschen lieben sie von ganzem Herzen. Sie berührt ihre Herzen, diese Hündin, die für alles Gute, was man für sie tut, so unendlich viel zurückgibt.

Ab und zu, in lauen Sommernächten, verlässt sie ihren Platz dicht neben ihren Menschen, geht in den Garten und lässt sich wohlig stöhnend auf dem weichen Gras nieder, auf der Erde, die noch die Wärme der Sonne in sich trägt. Und auch wenn der Garten durch dichte Hecken begrenzt ist, so schaut sie dann doch in weite Fernen und scheint dort alle die zu sehen, die einsam und verzweifelt sind und nach Zuwendung hungern. Vielleicht sieht sie in solchen Augenblicken auch den jungen Hund, der mit noch glänzenden Augen und voller Hoffnung auf ein gutes Leben nun in ihrer alten Holzhütte liegt …

So manches Mal fällt dann über ihr eine Sternschnuppe vom weiten Nachthimmel, und vielleicht sehen in diesem Moment alle diejenigen, die noch in Kälte, Dunkelheit und Lieblosigkeit verharren müssen, durch Amandas Augen diesen Stern der Hoffnung und die vielen Millionen anderen Sterne, die für uns alle leuchten, auch wenn der eine oder andere sie oft nicht erkennen kann.
Doch jeder, der diese Sterne mit seinen Augen sieht und sie mit seinem Herzen fühlt, kann dabei helfen, sie auch für andere – für Menschen und für Tiere – sichtbar zu machen, indem er sich dem Licht öffnet und all das Gute, das ihm widerfährt, erkennt, schätzt, weitergibt und mit anderen teilt ...

Ein Dank gebührt den Menschen, die auch einem alten Hund eine Chance geben und ihn aufnehmen, trotz des Wissens, dass die gemeinsame Zeit unter Umständen nicht lange dauern wird.

Denn findet sich niemand, der diesen Schritt geht, dann bedeutet das für den alten Hund ein Leben ohne ein friedvolles Zuhause, ohne den Schutz von Menschen, die ihn bedingungslos lieben und sein Alter und letztendlich auch sein Sterben liebevoll begleiten.

Nachwort

Amanda steht stellvertretend für eine unvorstellbar hohe Zahl von Hunden, die an Ketten oder in engen Zwingern ein erbarmungswürdiges Dasein fristen.
Nicht nur in Rumänien, auch in vielen anderen Ländern (in Polen, Bulgarien, Ungarn, in der Ukraine, aber auch in Italien usw. ...) finden sich besonders in ländlichen Regionen unzählige Hunde, die unter den in der Geschichte beschriebenen Bedingungen leben müssen.
Amandas Leben hat – wenn auch spät – letztendlich eine gute Wendung genommen. Doch nicht vielen Hunden ist dieses Glück vergönnt, die meisten sterben so, wie sie gelebt haben, einsam und erbärmlich.
Nur ein Wandel in den Herzen der Menschen kann bewirken, dass dieser Zustand sich dauerhaft ändert ...

Es mag berechtigt erscheinen, die Menschen zu verurteilen, die zulassen oder selbst dafür verantwortlich sind, dass Hunden und Katzen – die in unserem Land einen hohen Stellenwert genießen – viel Leid zugefügt wird.

Doch auch in unserem Land herrscht großes Elend. Auch hier leben Tiere qualvoll und unter unwürdigen Umständen. Es sind die Tiere, die als „Nutztiere" bezeichnet werden, die jedoch in ihrem Wert als Lebewesen den Hunden und Katzen in nichts nachstehen. Sie werden ausgenutzt,

hinter verschlossenen Türen gequält, misshandelt und getötet.
Dieses Buch ist den Hunden gewidmet, den Hunden ohne Namen – doch die Sterne leuchten nicht nur für sie, sondern für ALLE Wesen dieser Erde, und die Hoffnung bleibt, dass eines Tages alle in Frieden leben dürfen …

Projekt Sternschnuppenlicht

Das Buch "Sterne sind Hoffnung" ist erschienen im Rahmen des "Projektes Sternschnuppenlicht".
Das Projekt wurde ins Leben gerufen, um Straßenhunde und heimatlose Katzen zu unterstützen, insbesondere in Rumänien.
Die Unterstützung erfolgt durch die Herstellung von Büchern, die helfen sollen, in den Menschen das Bewusstsein zu wecken, dass Tiere beseelte, fühlende Wesen sind, die ein Recht auf Leben sowie körperliche und seelische Unversehrtheit haben, genauso wie wir Menschen.

Für das Cover des Buches „Sternschnuppenlicht", das mittlerweile bereits in drei Sprachen erschienen ist, hat Zebulon sein schönes Gesicht zur Verfügung gestellt. Auch Zebulon ist ein ehemaliger Straßenhund aus Cluj/Rumänien, der im November 2009 im Alter von sechs

Monaten nach Deutschland kam und neun Jahre lang glücklich hier lebte.

Die Bücher in der rumänischen Übersetzung werden dem rumänischen Tierschutzverein „NUCA Animal Welfare" kostenlos zur Verfügung gestellt. Sie werden in Rumänien bei Tierschutzaktionen verteilt oder verkauft – wie zum Beispiel bei Aufklärungskampagnen in Schulen –, und es ist geplant, sie in den Bestand der Schulbibliotheken aufzunehmen.
Der rumänische Tierschutzverein NUCA Animal Welfare Asociatia pentru protejarea animalelor NUCA (NUCA animal welfare) ist ein rumänischer Verein, der im Jahr 2006 gegründet wurde.

Der Verein hat sich zur Aufgabe gemacht, die Straßenhundepopulation in Cluj (Klausenburg, im Nordwesten Rumäniens) zu regulieren und zu kontrollieren.
Dies erfolgt einerseits durch Kastrationskampagnen und die Rettung und Vermittlung von Tieren, jedoch auch durch Informations- und Bildungskampagnen für Kinder und Erwachsene. Dadurch soll erreicht werden, die Bevölkerung zu sensibilisieren und das Aussetzen von Haustieren zu stoppen.

Jeden Monat werden allein in der Stadt Cluj (ca. 300.000 Einwohner) ungefähr 200 Hunde jeden Alters ausgesetzt.

Die meisten dieser Tiere sind unkastriert und vermehren sich dann unkontrolliert auf den Straßen.

In den vergangenen Jahren wurden durch den unermüdlichen Einsatz der Tierschützer etwas 90% der herrenlosen Straßenhunde kastriert. Jedoch ist eine 100%ige Abdeckung nicht möglich, da die verbliebenen 10% die Quote der Aussetzungsrate wiedergeben, das heißt, es werden auf den Straßen ständig neue Hunde geboren, deren Elterntiere Besitzer hatten. Diese Tiere sind die heutigen Straßenhunde. Horden halbwilder, gefährlicher Tiere, die nicht sozialisiert sind und seit Jahren verwildert leben, gibt es in Rumänien nur noch vereinzelt, im Raum Cluj gar nicht mehr.
Um dieser Situation Herr zu werden, engagiert sich der Verein unter anderem für die Kennzeichnung aller Hunde mit Besitzern durch implantierten Mikrochip und Registrierung. NUCA fordert von der Stadtregierung die Einführung eines Registers für Hunde mit Besitzern, um die Aussetzung von Tieren und den daraus resultierenden ständigen Anstieg der Straßenhundepopulation sowie unkontrollierte Vermehrungen zu verhindern.

NUCA wird mittlerweile von einigen Hundert Bürgern der Stadt unterstützt, die Zahl der Unterstützer wächst kontinuierlich. Durch Demonstrationen und Veranstaltungen macht NUCA auf die eigentliche Ursache der Straßenhundepopulation aufmerksam, nämlich das Aussetzen von Haustieren.

Die Erfahrungen der vergangenen Jahre haben gezeigt, dass nahezu alle unkastrierten Straßentiere nicht auf der Straße geboren wurden, sondern von den Anwesen der Bürger stammen. Aus diesem Grund organisiert NUCA seit einiger Zeit auch Kampagnen zur Kastration von Hunden mit Besitzern. Die Kampagnen finden mehrmals jährlich in Cluj und den umliegenden Dörfern statt. Die Hundebesitzer werden informiert, finanziell unterstützt und zu Verantwortungsbewusstsein gegenüber den Tieren angeregt.

www.nuca.org.ro

Der deutsche Partnerverein von NUCA ist der Verein
Grenzenlose Notfelle e.V.
www.grenzenlose-notfelle-ev.de

Auf dieser Webseite finden Sie auch die Vermittlungstiere des Vereins.

Möge in der Menschheit das Bewusstsein erwachen, dass alle Tiere fühlende Wesen sind, die Schmerzen und Leid, Freude und Liebe genauso empfinden können wie wir Menschen ...

Nach „Sternschnuppenlicht“ und „Sterne sind Hoffnung“ Ist inzwischen das dritte und letzte Buch der *„Sternschnuppen-Trilogie“* erschienen.

Sternschnuppenklang
Wir sehen alle die gleichen Sterne

Christine Goeb-Kümmel

94 Seiten
Illustriert
ISBN 978-3-946723-53-0
10,80 Euro

Das Mädchen Marina erlebt in ihrem kleinen rumänischen Heimatort von Kind an das Elend der Dorfhunde. Mit der Hilfe ihres eigenen Hundes entwickelt sie sich schließlich vom schüchternen Mädchen zu einer jungen Frau, die dazu beizutragen möchte, das Leid der Tiere zu verringern und das Bewusstsein der Menschen für den Wert der Tiere zu stärken.
Ein Buch, das HOFFNUNG gibt und den Glauben daran festigt, dass wir alle gemeinsam die Möglichkeit haben, die Welt zu einem lebenswerteren Ort für alle Geschöpfe zu machen ...
Nach „Sternschnuppenlicht“ und „Sterne sind Hoffnung“ ist „Sternschnuppenklang“ das dritte und letzte Buch einer Trilogie um die Gefühle von Tieren und Menschen in einer Welt, die nach Mitgefühl ruft.

Weitere Bücher des Verlags Begegnungen:

Weg da – jetzt komm ich! **Christine Goeb-Kümmel**

Resolute, kleine Straßenhündin mischt achtsame Familie auf.
Ein unterhaltsames, heiteres Buch, das mit der Vermischung von Realität, Spiritualität und Fantasie Vertrauen darauf weckt, dass jeder auf die eine oder andere Art eigentlich immer das bekommt, was er braucht.

138 Seiten, bebildert, ISBN 978-3-9814784-2-6
14,95 Euro

Zoe und das Meer **Christine Goeb-Kümmel**

Ehemalige Straßenhündin vermittelt ihre Sicht auf die Welt und das Leben. Humorvolle Spiritualität wird vermischt mit einer großen Portion Erdung und Lebensfreude. Mal nachdenklich und ernst, mal witzig und fröhlich und damit abwechslungsreich und vielschichtig, so wie das Leben selbst.

Teil 2 zu „Weg da – jetzt komm ich!"
145 Seiten, bebildert, ISBN 978-3-9814784-5-7
14,95 Euro

Sam – Eine Begegnung **Christine Goeb-Kümmel**

Niemals hätte der gelähmte Marius an diesem sonnigen Morgen im Juli gedacht, dass sein verlorenes Leben wieder einen Sinn erhalten könnte.
Doch dann kommt Sam, ein behinderter Straßenhund und – so wie Marius – ein Außenseiter der Gesellschaft ...

194 Seiten, über 30 Illustrationen,
ISBN 978-3-9816162-6-2
16,95 Euro

Wege zum Hundeherz **Ines Kizildere**

Ines Kizildere beleuchtet und hinterfragt in 70 unterhaltsamen Kurzgeschichten Alltägliches im Zusammenleben mit unseren Hunden. Die Geschichten erzählen von der Liebe zu den Tieren, von Freundschaften und Abschieden, von Achtsamkeit und Respekt und den Absurditäten des Alltags ...

170 Seiten, mit Illustrationen, ISBN 978-3-9467233-2-5
16,80 Euro

Katzenrat **Petra Kriegel**
Schwarze Katze – weise Worte

Gespräche mit einer Katze (Tierkommunikation)
Antworten, die unsere Katzen und auch alle anderen Tiere auf unsere Fragen geben, empfängt nur der Mensch, der genau hinhört, der sich einlässt auf Zwiegespräche, die nur auf Seelenebene möglich sind ...

264 Seiten, m. Illustrationen, ISBN 978-3-9816162-8-6
19,95 Euro

Die Wärme des roten Sandes **Christine Goeb-Kümmel**
Der Sinn des Lebens wartet überall ...

Die Juristin Sally und das Straßenkind Jorge treffen an einem Punkt ihres Lebens aufeinander, an dem es für beide nicht weiterzugehen scheint ...

Eine Erzählung über den Weg zum Sinn des Lebens.

165 Seiten, bebildert, ISBN 978-3-9467232-8-8
14,95 Euro

Alle Bücher sind auch als E-Books erhältlich!

Ein Leben für Merlin **Johanna Hirt**
Der Weg eines Hundes in eine Welt ohne Angst

Die wahre Lebensgeschichte eines Hundes, geboren im rauen Nirgendwo der Karpaten, ist eine außergewöhnliche Erzählung und gleichzeitig ein wertvoller Ratgeber, der dabei helfen kann, unverstandenen Hunden, aber auch ihren überforderten Menschen eine lebenswerte gemeinsame Zukunft zu ermöglichen.

116 Seiten, broschiert, ISBN 978-3-946723-47-9
14,95 Euro

Tierliebe **versch. Autoren**

In 15 Kurzgeschichten schreiben rumänische Kinder und Jugendliche im Alter von 11 bis 18 Jahren über ihre Liebe zu Tieren.
Englische Originalfassung des Buches: „Loving Animals"

80 Seiten, mit vielen Illustrationen
ISBN 978-3-946723-38-4
8,95 Euro

ISBN 978-3-946723-40-0,
zweisprachig (Deutsch/Englisch)
56 farbige Seiten, Hardcover, 21,95 Euro

Prinzessin Zora
Evelin Althaus (Autorin) und
Efi Kokkinaki (Malerin)

Die kleine ungarische Straßenhündin Zora wird von einem mürrischen Hundegeist dafür auserwählt, eine besondere Aufgabe zu erfüllen ...
Ein liebenswertes Kunstbuch mit aussagestarken Malereien und einer zauberhaften Geschichte – geeignet für Jung und Alt.

FSC
www.fsc.org
MIX
Papier | Fördert gute Waldnutzung
FSC® C083411

Kolibri 360 GmbH
Ferdinand-Jühlke-Straße 7
99095 Erfurt, Deutschland
produktsicherheit@kolibri360.de